《创新家装设计选材与预算》编写组 编

创新家装设计选材与预算

低调奢华

U0332751

机械工业出版社
CHINA MACHINE PRESS

"创新家装设计选材与预算"包括简约现代、混搭之美、清新浪漫、中式演绎、低调奢华五个分册。针对整体风格和局部设计的特点，结合当前流行的家装风格，每分册又包含客厅、餐厅、卧室、厨房和卫浴五大基本空间。为方便读者进行材料预算及选购，有针对性地配备了近100个通俗易懂的材料贴士，并对家装中所用到的主要材料做了价格标注，方便读者参考及预算。

图书在版编目（CIP）数据

创新家装设计选材与预算．低调奢华 ／《创新家装设计选材与预算》编写组编．— 北京 ：机械工业出版社，2014.1
ISBN 978-7-111-45404-5

Ⅰ．①创… Ⅱ．①创… Ⅲ．①住宅－室内装修－装修材料②住宅－室内装修－建筑预算定额 Ⅳ．①TU56②TU723.3

中国版本图书馆CIP数据核字(2014)第006532号

机械工业出版社（北京市百万庄大街22号　邮政编码　100037）
策划编辑：宋晓磊　　　　　　　　　　责任编辑：宋晓磊　吴　靖
责任印制：乔　宇
北京汇林印务有限公司印刷

2014年1月第1版第1次印刷
210mm×285mm·6印张·203千字
标准书号：ISBN 978-7-111-45404-5
定价：29.80元

目录
Contents

材料选购预算速查表

P02 铂金壁纸

P08 仿古砖

P12 皮纹砖

P16 实木装饰立柱

P20 木质格栅

P26 罗马柱

P30 黑白根大理石波打线

P34 磨砂玻璃

P40 车边银镜

P44 木质格栅吊顶

P50 雕花玻璃

P54 羊毛地毯

P58 木踢脚线

P62 石膏顶角线

P66 泰柚木金刚板

P70 浮雕壁纸

P74 轻钢龙骨装饰横梁

P78 米色玻化砖

P84 米色网纹大理石

P90 米黄色洞石

低调奢华
客厅

❶ 爵士白大理石

❷ 米色玻化砖

❸ 米黄色洞石

❹ 装饰硬包

❺ 米黄色大理石

❻ 艺术壁纸

❼ 艺术地毯

❶ 装饰灰镜

❷ 布艺软包

❸ 艺术壁纸

❹ 白色玻化砖

❺ 铂金壁纸

❻ 米黄色玻化砖

❼ 白色人造大理石拓缝

▶ 铂金壁纸具有色彩多样、图案丰富、豪华气派、安全环保、施工方便、价格适宜等其他室内装饰材料所无法比拟的特点。铂金壁纸不同的花纹造型使其表现形式非常丰富，可适应不同的空间或场所，满足不同的兴趣爱好以及不同的价格要求。

参考价格： 规格（平方米／卷）5.3 平方米 120～150 元

① 装饰硬包
② 米色玻化砖
③ 木质花格
④ 文化石
⑤ 黑色烤漆玻璃
⑥ 艺术壁纸

1 艺术地毯

2 密度板拓缝

3 雕花茶镜

4 米色网纹玻化砖

5 陶瓷锦砖

6 米色大理石

1 松木板吊顶

2 艺术壁纸

3 仿古砖

4 木质装饰线

5 米色玻化砖

6 爵士白大理石

7 雕花银镜

❶ 条纹壁纸

❷ 黑白色玻化砖拼花

❸ 酒红色烤漆玻璃

❹ 白色玻化砖

❺ 有色乳胶漆

❻ 黑色烤漆玻璃

❼ 艺术壁纸

❶ 白枫木饰面板

❷ 手绘墙饰

❸ 大理石拼花

❹ 艺术壁纸

❺ 装饰银镜

❻ 白色玻化砖

❼ 陶瓷锦砖

❶ 艺术壁纸
❷ 混纺地毯
❸ 绯红色大理石
❹ 木质格栅吊顶
❺ 仿古砖
❻ 胡桃木饰面板
❼ 木纹玻化砖

▶ 仿古砖仿造以往的样式做旧，用带着古典的独特韵味吸引人们的目光。为体现岁月的沧桑和历史的厚重，仿古砖通过其独特的样式、颜色和图案，营造出怀旧的氛围。色调则以黄色、咖啡色、暗红色、土色、灰色、灰黑色等为主。仿古砖蕴藏的文化、历史内涵及丰富的装饰手法，使其成为欧美瓷砖市场的主流产品，在我国也得到了迅速的发展。仿古砖的应用范围广泛，随着装修风格墙地一体化的发展趋势，创新的设计和制作技术将赋予其更高的市场价值和生命力。

参考价格： 规格 800mm×800mm 95~160 元/块

❶ 艺术壁纸
❷ 装饰硬包
❸ 雕花银镜
❹ 米白色洞石
❺ 红樱桃木饰面板
❻ 中花白大理石
❼ 羊毛地毯

❶ 皮革软包
❷ 密度板拓缝
❸ 车边银镜
❹ 米色亚光玻化砖
❺ 爵士白大理石
❻ 羊毛地毯
❼ 米色网纹玻化砖

❶ 木质花格
❷ 白色乳胶漆
❸ 艺术地毯
❹ 米黄色玻化砖
❺ 压白钢条
❻ 米色亚光玻化砖
❼ 艺术壁纸

① 米黄色网纹大理石

② 米色玻化砖

③ 有色乳胶漆

④ 皮纹砖

⑤ 羊毛地毯

⑥ 爵士白大理石

⑦ 中花白大理石

▶ 皮纹砖是仿动物原生态皮纹的瓷砖。皮纹砖克服了瓷砖坚硬、冰冷的材质局限,从视觉和触觉上可以体验到皮革的质感。其凹凸的纹理、柔和的质感,让墙面看起来不再冰冷、坚硬。它属于瓷砖类的一种产品,是时下一种时尚和潮流的象征。皮纹砖有着皮革的质感与肌理,有着皮革制品的缝线、收口、磨边,让皮革追慕者在居家装饰中享受到温馨、舒适、柔软的感觉。

参考价格: 规格 600mm×600mm 15～18元/片

❶ 木质装饰线
❷ 艺术壁纸
❸ 仿古砖
❹ 白枫木饰面板
❺ 爵士白大理石
❻ 石膏格栅吊顶
❼ 雕花玻璃

❶ 艺术壁纸

❷ 米黄色大理石

❸ 白色人造大理石

❹ 水曲柳饰面板

❺ 艺术壁纸

❻ 有色乳胶漆

❼ 混纺地毯

1. 铂金壁纸
2. 绯红色网纹大理石
3. 黑白根大理石踢脚线
4. 皮纹砖
5. 有色乳胶漆
6. 木质窗棂造型
7. 艺术墙砖

❶ 浮雕壁纸

❷ 艺术地毯

❸ 米黄色洞石

❹ 木质窗棂造型

❺ 实木装饰立柱

❻ 布艺软包

❼ 仿古砖

▶ 用实木来装饰立柱，是不会受到居室主人的年龄限制的，无论主人的年龄大小，家居的风格古典亦或现代，都可以将木材天然的纹理融入其中。特殊的图案本身就兼备了原始和现代的设计风格，可以与各种材质相搭配，运用到各种家居环境中。

参考价格：根据工艺要求议价

1 装饰银镜

2 白色亚光玻化砖

3 装饰灰镜

4 木质装饰线

5 米色大理石

6 酒红色烤漆玻璃

7 密度板树干造型

1 木质顶角线

2 陶瓷锦砖

3 红樱桃木饰面板

4 红橡木金刚板

5 酒红色烤漆玻璃

6 条纹壁纸

7 雕花银镜

❶ 白枫木饰面板

❷ 黑镜装饰线

❸ 密度板拓缝

❹ 铁锈红大理石

❺ 条纹壁纸

❻ 艺术地毯

❼ 黑胡桃木金刚板

① 米黄色网纹大理石

② 雕花银镜

③ 装饰灰镜

④ 木质格栅

⑤ 布艺软包

⑥ 米黄色大理石拓缝

⑦ 米色网纹玻化砖

▶ 木质格栅具有良好的透光性、空间性和装饰性，而且有着隔热、降噪等功能。在家庭装修中常被用到推拉门、窗等部位，其次是吊顶、平开门和墙面的局部装饰。在餐厅的上方做木格栅吊顶，会使家中充满生活情趣；在客厅中设置木格栅，则会营造出一种古色幽幽的气氛。

参考价格： 420~600 元 /m²

❶ 水曲柳饰面板

❷ 泰柚木金刚板

❸ 银镜装饰线

❹ 艺术壁纸

❺ 绯红色网纹大理石

❻ 车边灰镜

❼ 木质装饰线

23

❶ 米黄色大理石

❷ 木质花格

❸ 艺术壁纸

❹ 仿古砖

❺ 布艺软包

❻ 米黄色洞石

❼ 深咖啡色网纹大理石波打线

1. 条纹壁纸
2. 木纹玻化砖
3. 艺术壁纸
4. 石膏装饰线
5. 仿古砖
6. 爵士白大理石
7. 装饰硬包

① 艺术壁纸

② 雕花银镜

③ 木纹抛光砖

④ 米黄色亚光玻化砖

⑤ 罗马柱

⑥ 石膏板

⑦ 灰镜吊顶

▶ 罗马柱包含圆柱和方柱，分为光面型、线条型、雕塑型和镂空型等。光面型柱在建筑上给人以明朗、大气的感觉，显得大方。线条型柱具备特有的罗马柱般的装饰线，简洁明快，流露出古老的文明气息，给人一种错落有致的感觉。雕塑型柱给人一种雍容华贵的感觉，在现代人的审美观念中，大量使用了雕塑型构件的建筑。镂空型柱是最难制作的柱，多以各种艺雕为主，其纹理之间大部分为镂空的。

参考价格： 大理石罗马柱 6800 ~ 7500 元 / 对

① 雕花黑色烤漆玻璃

② 米黄色玻化砖

③ 车边银镜

④ 米黄色大理石

⑤ 米色抛光墙砖

⑥ 木质花格

⑦ 陶瓷锦砖

① 铂金壁纸
② 雕花茶镜
③ 米黄色玻化砖
④ 皮革软包
⑤ 陶瓷锦砖拼花
⑥ 泰柚木饰面板
⑦ 灰白色网纹玻化砖

❶ 雕花灰镜
❷ 米黄色大理石
❸ 艺术地毯
❹ 白色乳胶漆
❺ 装饰灰镜
❻ 木质花格
❼ 装饰银镜

❶ 艺术壁纸

❷ 米色网纹大理石

❸ 白枫木饰面板

❹ 装饰灰镜

❺ 黑白根大理石波打线

❻ 车边银镜

❼ 米黄色玻化砖

▶ 黑白根大理石是一种很有特色的国产大理石，此种石材的最大不足是极易开裂，市场上大规格的板子都很难见，一般是做点缀使用，很少有大面积使用。养护方法和一般大理石如米黄、咖啡色网纹等一样，注意防止灰尘、酸碱液体的侵害，定期清洁，并打蜡抛光。

参考价格： 165~180 元 /m^2

① 木质装饰横梁
② 银镜吊顶
③ 红砖
④ 雕花银镜
⑤ 车边银镜
⑥ 艺术壁纸
⑦ 沙比利金刚板

1 陶瓷锦砖
2 米黄色网纹玻化砖
3 铂金壁纸
4 米黄色大理石
5 米白色玻化砖
6 灰镜装饰线
7 艺术壁纸

低调奢华
餐厅

❶ 车边银镜
❷ 米色玻化砖
❸ 木质花格
❹ 艺术壁纸
❺ 石膏板异形吊顶
❻ 装饰硬包
❼ 仿古砖

1 黑白根大理石
2 车边茶色烤漆玻璃
3 陶瓷锦砖
4 磨砂玻璃
5 黑色烤漆玻璃
6 艺术壁纸
7 车边茶镜

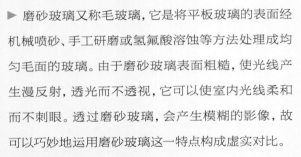

▶ 磨砂玻璃又称毛玻璃，它是将平板玻璃的表面经机械喷砂、手工研磨或氢氟酸溶蚀等方法处理成均匀毛面的玻璃。由于磨砂玻璃表面粗糙，使光线产生漫反射，透光而不透视，它可以使室内光线柔和而不刺眼。透过磨砂玻璃，会产生模糊的影像，故可以巧妙地运用磨砂玻璃这一特点构成虚实对比。

参考价格： 规格 厚 12 mm 钢化磨砂玻璃 165 ~ 180 元 /m²

1 铂金壁纸

2 车边银镜

3 深咖啡色网纹大理石波打线

4 石膏板顶角线

5 浮雕壁纸

6 砂岩浮雕

7 磨砂玻璃

1 艺术壁纸

2 红樱桃木金刚板

3 车边茶镜

4 米黄色洞石

5 黑晶砂大理石饰面垭口

6 木踢脚线

❶ 艺术壁纸

❷ 米黄色玻化砖

❸ 车边银镜

❹ 红樱桃木金刚板

❺ 有色乳胶漆

❻ 木踢脚线

❼ 陶瓷锦砖

1. 陶瓷锦砖
2. 有色乳胶漆
3. 木踢脚线
4. 布艺软包
5. 灰白色网纹玻化砖
6. 木质花格贴银镜
7. 茶色镜面玻璃吊顶

❶ 松木板吊顶
❷ 实木装饰立柱
❸ 浮雕壁纸
❹ 白橡木金刚板
❺ 白色洞石
❻ 艺术壁纸
❼ 艺术地毯

❶ 陶瓷锦砖

❷ 中花白大理石

❸ 仿古砖

❹ 车边银镜

❺ 有色乳胶漆

❻ 米色玻化砖

❼ 木踢脚线

▶ 车边银镜作为一种装饰用镜而存在，给人以坚毅、内敛、低调的感觉，装饰效果极佳，而且有助于调节室内光线。车边是指在玻璃（包括镜子）的四周按照一定的宽度，车削一定坡度的斜边，看起来具有立体的感觉。

参考价格: 500~700 元 /m²

❶ 米黄色大理石

❷ 米色玻化砖

❸ 白色乳胶漆

❹ 艺术壁纸

❺ 木踢脚线

❻ 罗马柱

❼ 黑镜装饰线

1. 红樱桃木饰面板
2. 米色亚光墙砖
3. 爵士白大理石
4. 有色乳胶漆
5. 车边银镜
6. 肌理壁纸
7. 白色玻化砖

① 深咖啡色网纹大理石

② 车边茶镜

③ 艺术壁纸

④ 木踢脚线

⑤ 米色玻化砖

⑥ 装饰硬包

⑦ 装饰银镜

1 车边银镜

2 木质格栅吊顶

3 雕花银镜

4 深咖啡色网纹大理石

5 皮革软包

6 木纹大理石

7 木踢脚线

▶ 木质格栅吊顶不同于其他吊顶工程，它应归属于细木工装修。木质格栅吊顶是家庭装修走廊、玄关、餐厅及有较大顶梁等空间经常使用的类型。木质格栅吊顶不仅能够美化顶部，同时能够达到调节照明、增加居室整体装修效果的目的。木质格栅吊顶要求设计大方，构造合理，外形美观，稳定牢固，材料表面平整，颜色均匀一致，内部灯光布局科学，终饰漆膜完整，无划痕、无污染等。

参考价格：420~600 元 /m²

❶ 木质花格

❷ 米色网纹玻化砖

❸ 黑白玻化砖拼花

❹ 米黄色大理石

❺ 车边银镜

❻ 艺术壁纸

❼ 木踢脚线

❶ 木质装饰线

❷ 铂金壁纸

❸ 米黄色亚光玻化砖

❹ 茶色镜面玻璃

❺ 条纹壁纸

❻ 车边银镜

❼ 深咖啡色网纹大理石波打线

❶ 有色乳胶漆
❷ 艺术壁纸
❸ 木踢脚线
❹ 木质格栅
❺ 车边银镜
❻ 米黄色玻化砖

1 车边茶镜
2 艺术壁纸
3 木质装饰线描银
4 木踢脚线
5 车边银镜
6 白枫木饰面垭口
7 密度板拓缝

1 白枫木饰面板

2 艺术地毯

3 有色乳胶漆

4 浮雕壁纸

5 泰柚木金刚板

6 装饰银镜吊顶

7 米色抛光墙砖

❶ 米色玻化砖

❷ 艺术壁纸

❸ 有色乳胶漆

❹ 雕花玻璃

❺ 木质花格

❻ 陶瓷锦砖

❼ 白色玻化砖

▶ 雕花玻璃是一种应用广泛的高档玻璃品种。它是用特殊颜料直接着墨于玻璃上，或者在玻璃上喷雕成各种图案再上色制成的。可逼真地复制原画，画膜附着力强，可进行擦洗。根据室内色调的需要，选用雕花玻璃，可将绘画、色彩、灯光融于一体；也可将大自然的生机与活力带入室内。雕花玻璃图案丰富亮丽，居室中对其恰当运用，能较自如地创造出一种赏心悦目的和谐氛围，增添浪漫迷人的现代情调。

参考价格： 600~1000 元 /m²

1 银镜吊顶

2 米色网纹玻化砖

3 布艺软包

4 木踢脚线

5 黑色烤漆玻璃吊顶

6 车边银镜

7 米色玻化砖

1. 雕花玻璃
2. 米色玻化砖
3. 黑白根大理石波打线
4. 茶色镜面玻璃
5. 木质装饰线
6. 车边银镜吊顶
7. 热熔玻璃

低调奢华
卧室

① 艺术壁纸
② 混纺地毯
③ 皮革软包
④ 红樱桃木饰面板
⑤ 雕花玻璃
⑥ 艺术地毯
⑦ 泰柚木金刚板

❶ 浮雕壁纸

❷ 车边银镜

❸ 雕花银镜

❹ 木踢脚线

❺ 羊毛地毯

❻ 泰柚木金刚板

❼ 布艺软包

▶ 一般来说，毛绒越密越厚，单位面积毛绒的重量就越重，地毯的质地和外观的持久性就越好，而且短毛而密织的地毯是较为耐用的。质量好的地毯，其毯面还要平整。在选择时，不要误以为进口产品都比国产产品好，或者为了贪图一时的便宜，而使以后的投资增大，这样也是不值得的。

参考价格：规格 1200mm×1700mm 880 ~ 950 元 /m²

❶ 松木板吊顶

❷ 浮雕壁纸

❸ 红樱桃木金刚板

❹ 布艺软包

❺ 沙比利金刚板

❻ 艺术壁纸

❼ 白桦木金刚板

1. 沙比利金刚板
2. 红樱桃木饰面板
3. 皮革软包
4. 混纺地毯
5. 车边银镜
6. 浮雕壁纸

❶ 实木浮雕

❷ 混纺地毯

❸ 红樱桃木金刚板

❹ 木质花格贴黑镜

❺ 布艺软包

❻ 条纹壁纸

❼ 仿古砖

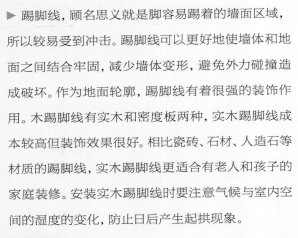

❶ 布艺软包

❷ 红樱桃木饰面板

❸ 白色亚光墙砖

❹ 木踢脚线

❺ 米黄色亚光玻化砖

❻ 白橡木金刚板

❼ 黑胡桃木饰面板

▶ 踢脚线，顾名思义就是脚容易踢着的墙面区域，所以较易受到冲击。踢脚线可以更好地使墙体和地面之间结合牢固，减少墙体变形，避免外力碰撞造成破坏。作为地面轮廓，踢脚线有着很强的装饰作用。木踢脚线有实木和密度板两种，实木踢脚线成本较高但装饰效果很好。相比瓷砖、石材、人造石等材质的踢脚线，实木踢脚线更适合有老人和孩子的家庭装修。安装实木踢脚线时要注意气候与室内空间的湿度的变化，防止日后产生起拱现象。

参考价格： 70~120 元 /m

① 肌理壁纸
② 艺术地毯
③ 条纹壁纸
④ 羊毛地毯
⑤ 装饰硬包
⑥ 泰柚木金刚板

1 红樱桃木金刚板
2 布艺软包
3 雕花银镜
4 红橡木金刚板
5 木质搁板
6 白色乳胶漆
7 羊毛地毯

① 浮雕壁纸
② 玫瑰木金刚板
③ 艺术地毯
④ 布艺软包
⑤ 木质格栅
⑥ 有色乳胶漆
⑦ 羊毛地毯

1 木质花格
2 布艺软包
3 羊毛地毯
4 泰柚木金刚板
5 石膏顶角线
6 木踢脚线
7 艺术壁纸

► 石膏顶角线成45°斜角连接，用胶进行拼接，并用防锈螺钉固定。防锈螺钉打入石膏线内，并用腻子抹平。相邻石膏花饰的接缝用石膏腻子填满抹平，螺丝孔用白石膏抹平，等石膏腻子干燥后，由油工进行修补、打平。严防石膏花饰遇水而受潮、变质、变色。石膏装饰线物品应平整、顺直，不得有弯形、裂痕、污痕等现象。

参考价格： 规格 2500mm 12~18 元/根

❶ 松木板吊顶

❷ 木质装饰线

❸ 混纺地毯

❹ 艺术壁纸

❺ 白橡木金刚板

❻ 红樱桃木金刚板

❼ 木质装饰线

① 白色乳胶漆

② 布艺软包

③ 艺术壁纸

④ 沙比利金刚板

⑤ 松木板吊顶

⑥ 混纺地毯

⑦ 红樱桃木金刚板

① 艺术壁纸

② 白橡木金刚板

③ 黑镜装饰顶角线

④ 红橡木金刚板

⑤ 木质花格贴银镜

⑥ 米色玻化砖

⑦ 羊毛地毯

① 雕花银镜
② 装饰硬包
③ 艺术地毯
④ 石膏顶角线
⑤ 泰柚木金刚板
⑥ 艺术壁纸
⑦ 白枫木百叶门

▶ 金刚板是强化地板的俗称，其标准名称为"浸渍纸层压木质地板"。一般由四层材料复合组成，即耐磨层、装饰层、高密度基材层和平衡(防潮)层。合格的强化地板是以一层或多层专用浸渍热固氨基树脂覆盖在高密度板等基材表面，背面加平衡防潮层，正面加装饰层和耐磨层，再经热压而成的。

参考价格： 80~250 元 /m²

❶ 木质装饰线

❷ 红橡木金刚板

❸ 布艺软包

❹ 艺术地毯

❺ 木质花格

❻ 木踢脚线

❼ 胡桃木金刚板

❶ 艺术壁纸

❷ 沙比利金刚板

❸ 有色乳胶漆

❹ 木质装饰线

❺ 松木板吊顶

❻ 艺术地毯

❼ 车边银镜

❶ 白枫木饰面板
❷ 红樱桃木金刚板
❸ 车边银镜
❹ 胡桃木金刚板
❺ 布艺软包
❻ 艺术壁纸
❼ 羊毛地毯

❶ 布艺软包

❷ 艺术壁纸

❸ 皮革软包

❹ 泰柚木金刚板

❺ 浮雕壁纸

❻ 艺术地毯

❼ 木装饰线刷金

▶ 浮雕壁纸具有色彩多样、图案丰富、豪华气派、立体感强、安全环保、施工方便、价格适宜等其他室内装饰材料所无法比拟的特点，体现了视觉与触觉上的质感。可以选择不同风格的浮雕壁纸来展示居家装饰的个性主题，让生活更加丰富多彩。

参考价格：规格（平方米／卷） 5.3平方米 90~260 元

1 木质装饰线

2 混纺地毯

3 松木板吊顶

4 浮雕壁纸

5 红橡木金刚板

6 条纹壁纸

7 彩绘玻璃

① 艺术壁纸

② 布艺软包

③ 玫瑰木金刚板

④ 胡桃木顶角线

⑤ 肌理壁纸

⑥ 木质窗棂造型

⑦ 羊毛地毯

低调奢华
厨房

❶ 浮雕壁纸
❷ 浅咖啡色网纹玻化砖
❸ 釉面砖
❹ 实木橱柜
❺ 石膏顶角线
❻ 仿古砖

❶ 木纹墙砖

❷ 米色亚光玻化砖

❸ 仿古砖

❹ 陶瓷锦砖

❺ 轻钢龙骨装饰横梁

❻ 艺术壁纸

❼ 浅咖啡色网纹大理石波打线

▶ 横梁是房间的"骨架",关系到建筑安全,是绝对不能任意拆除的,更不能在横梁上打洞或开槽。可以用轻钢龙骨装饰横梁。轻钢龙骨是以优质的连续热镀锌板带为原材料,经冷弯工艺轧制而成的建筑用金属骨架,用于装饰以纸面石膏板、装饰石膏板等轻质板材做饰面的非承重墙体和建筑物的屋顶。

参考价格:家用 50 系列约 9 元 /m

1 松木板吊顶
2 彩色釉面砖
3 米色玻化砖
4 实木橱柜
5 磨砂玻璃
6 爵士白大理石
7 车边银镜

① 铝制百叶

② 木纹大理石

③ 铂金壁纸

④ 仿古砖

⑤ 中花白大理石

⑥ 陶瓷锦砖

❶ 木纹墙砖

❷ 实木台面

❸ 釉面砖

❹ 仿古砖

❺ 米色网纹亚光墙砖

❻ 白色人造大理石台面

❼ 米色玻化砖

① 艺术墙砖

② 釉面墙砖

③ 实木橱柜

④ 仿古砖

⑤ 米色玻化砖

⑥ 红樱桃木饰面板

⑦ 轻钢龙骨装饰横梁

▶ 玻化砖是近几年来出现的一个装饰新品种，又称为全瓷砖，是使用优质高岭土经强化高温烧制而成的。其质地为多晶材料，主要由无数微粒级的石英晶粒和莫来石晶粒构成网架结构。这些晶体和玻璃体都具有很高的强度和硬度，表面光洁而又无需抛光，因此不存在抛光气孔的污染问题。

参考价格：规格 800mm×800mm 120～200元/块

❶ 釉面砖
❷ 白色人造大理石台面
❸ 仿古砖
❹ 石膏板浮雕
❺ 米色抛光墙砖
❻ 三氰饰面橱柜
❼ 铝扣板吊顶

1 木纹三氰饰面板
2 陶瓷锦砖
3 米黄色亚光玻化砖
4 仿古砖
5 釉面砖
6 艺术壁纸
7 绯红色亚光墙砖

❶ 仿古砖
❷ 白色人造大理石台面
❸ 釉面砖
❹ 仿古墙砖
❺ 铝扣板吊顶
❻ 实木橱柜
❼ 白色亚光地砖

1 木纹墙砖
2 黑白根大理石饰面垭口
3 米色网纹玻化砖
4 三氰饰面橱柜
5 米色网纹玻化砖
6 釉面砖
7 深咖啡色网纹大理石波打线

低调奢华
卫浴

1 米色亚光墙砖

2 陶瓷锦砖

3 爵士白大理石

4 仿古砖

5 艺术壁纸

6 钢化玻璃

7 深咖啡色网纹大理石波打线

① 深咖啡色网纹大理石腰线

② 磨砂玻璃

③ 陶瓷锦砖拼花

④ 伯爵黑大理石波打线

⑤ 米色网纹大理石

⑥ 车边茶镜

⑦ 白色抛光墙砖

▶ 米色网纹大理石具有较高的强度和硬度,耐磨性和持久性好,而且天然石材经表面处理后可以获得优良的装饰性,能很好地搭配居室空间的装饰。利用网纹大理石装饰材料表面组织的粗犷和坚硬,并配以大线条的图案,能够突出空间的气势。

参考价格:规格 800mm×800mm 110 ~ 135 元 / 块

① 爵士白大理石

② 黑白根大理石

③ 车边银镜吊顶

④ 钢化玻璃

⑤ 实木顶角线

⑥ 釉面砖

❶ 浅咖啡色网纹大理石
❷ 米色网纹大理石
❸ 米色亚光地砖
❹ 雕花玻璃
❺ 大理石罗马柱
❻ 陶瓷锦砖

① 米色抛光墙砖
② 浅咖啡色网纹大理石
③ 陶瓷锦砖拼花
④ 钢化玻璃
⑤ 米黄色抛光墙砖
⑥ 车边银镜

① 深咖啡色网纹大理石

② 钢化玻璃

③ 深咖啡色网纹玻化砖

④ 陶瓷锦砖

⑤ 砂岩浮雕

⑥ 铝制百叶

⑦ 中花白大理石

❶ 米色玻化砖

❷ 艺术壁纸

❸ 釉面砖

❹ 艺术腰线

❺ 陶瓷锦砖拼花

❻ 中花白大理石

❼ 黑白根大理石

1. 胡桃木饰面垭口
2. 米黄色洞石
3. 雕花玻璃
4. 米黄色抛光墙砖
5. 黑白根大理石波打线
6. 云纹大理石
7. 艺术壁纸

▶ 洞石的色调以米黄色的居多，因其质感丰富，条纹清晰可以使人感到温和，让装饰带有强烈的文化和历史韵味。洞石主要应用于建筑外墙装饰和室内地板及墙壁装饰。选用洞石作为装饰材料，须经过科学的技术处理，通过严把质量关以降低安全风险，让这一古老的建筑材料大放现代文明的异彩。

参考价格： 规格 600mm×600mm 65~120元/块

① 车边银镜
② 浅咖啡色网纹大理石
③ 深咖啡色网纹大理石波打线
④ 陶瓷锦砖
⑤ 米色玻化砖
⑥ 米色亚光墙砖
⑦ 黑色烤漆玻璃

❶ 陶瓷锦砖拼花

❷ 深咖啡色网纹大理石

❸ 米白色洞石

❹ 条纹壁纸

❺ 钢化玻璃

❻ 中花白大理石台面

❼ 陶瓷锦砖